Ana Belén Vega León
Cindy Yurixa Orozco Vilchez

Quiscalus nicaraguensis

Ana Belén Vega León
Cindy Yurixa Orozco Vilchez

Quiscalus nicaraguensis

Base de referência para a densidade populacional

ScienciaScripts

Imprint

Any brand names and product names mentioned in this book are subject to trademark, brand or patent protection and are trademarks or registered trademarks of their respective holders. The use of brand names, product names, common names, trade names, product descriptions etc. even without a particular marking in this work is in no way to be construed to mean that such names may be regarded as unrestricted in respect of trademark and brand protection legislation and could thus be used by anyone.

Cover image: www.ingimage.com

This book is a translation from the original published under ISBN 978-613-9-43968-3.

Publisher:
Sciencia Scripts
is a trademark of
Dodo Books Indian Ocean Ltd. and OmniScriptum S.R.L publishing group

120 High Road, East Finchley, London, N2 9ED, United Kingdom
Str. Armeneasca 28/1, office 1, Chisinau MD-2012, Republic of Moldova, Europe
Printed at: see last page
ISBN: 978-620-8-20708-3

RESUMO

A investigação, um estudo de base para estabelecer a densidade populacional de Quiscalus nicaraguensis na Nicarágua, foi realizada de março a julho de 2020. Para o efeito, foram realizados transectos em faixas em diferentes áreas onde se considera que as colónias desta espécie estão presentes (Mateare, Tipitapa, Tisma e Rivas). Esta investigação é importante para fornecer informação científica que ajude na valorização e conservação da espécie, que é prioritária para a conservação, devido ao facto de ser uma espécie endémica binacional e estar em perigo crítico de extinção. Esta investigação servirá para lançar as bases para futuros estudos populacionais e planos de gestão de Q. nicaraguensis.

Os resultados da área de distribuição reflectem que Q. nicaraguensis tem uma distribuição de 35% (144.618 ha) das zonas húmidas de importância internacional no país. A densidade populacional da espécie foi de 40 indivíduos por hectare, de acordo com os resultados da pré-amostragem, sendo Tisma o local de maior importância para a conservação da espécie, pois obteve os resultados mais elevados de densidade (67 indivíduos/ha). De acordo com a pré-amostragem, Q. nicaraguensis tem preferência por zonas húmidas de lagos marginais (53 indivíduos/ha).

Na linha de base, são apresentados os requisitos para uma amostragem probabilística significativa, concluindo-se que o desenho mais adequado é uma amostragem aleatória simples, dado que a distribuição da variável principal (densidade) é homogénea entre os grupos; o esforço de amostragem com um nível de significância de 95% corresponde a 1437 parcelas de 3000 m^2 distribuídas na área de distribuição da espécie no território nacional (zonas húmidas).

Na Nicarágua, foram registadas 764 espécies de avifauna (Chavarría, L., 2018), uma das quais é o pântano da Nicarágua (Quiscalus nicaraguensis), uma ave terrestre encontrada principalmente nas margens dos lagos, zonas húmidas, prados e lagoas da Nicarágua (Martínez et al, 2001).

Diferença de tamanho e cor entre Quiscalus nicaraguensis na parte superior e Q. mexicanus na parte inferior da ilustração. Ilustração de Martínez-Sanchez J. et al 2014. Até há poucos anos, o Q. nicaraguensis era considerado uma ave endémica da Nicarágua, no entanto, é agora considerado uma espécie endémica binacional, uma vez que foram registados movimentos sazonais locais na região do Rio Frío e na zona húmida de Caño Negro, no norte da Costa Rica (Obando, 2012), o que significa que a espécie continua a manter uma relação com a água efluente dos lagos da Nicarágua (CRBIO, 2000).

Muitos autores consideram as aves excelentes indicadores do grau de conservação de um ecossistema, da estrutura e da diversidade florística dos habitats em que estão estabelecidas (Fleishman et al, 2004, Harvey et al, 2006, Schulze et al, 2004, Harris & Pimn, 2004, Vílchez et al,

2007), portanto, Q. nicaraguensis é considerada uma espécie indicadora de Esta dependência é prejudicial para as suas populações, uma vez que as zonas húmidas estão entre os ecossistemas mais ameaçados pelos efeitos das alterações climáticas (Centro Humbolt, 2018). A IUCN coloca Q. nicaraguensis na categoria criticamente em perigo, devido à sua distribuição restrita e aos problemas associados à conservação no seu habitat (IUCN, 2018).

O objetivo desta investigação é estabelecer a linha de base para um estudo da densidade populacional de Q. nicaraguensis, utilizando transectos em faixas em diferentes áreas onde se considera haver colónias desta espécie. Este estudo é importante para fornecer informações científicas que ajudarão na valorização e conservação da espécie nos ecossistemas do país, e servirá para lançar as bases para futuros estudos sobre Q. nicaraguensis.

PROBLEMA

Q. nicaraguensis é uma espécie de grande importância para a nossa conservação, pois é uma espécie endémica binacional (Nicarágua e Costa Rica). Não há estudos populacionais que nos permitam conhecer a densidade da espécie, no entanto, sabe-se que atualmente está em perigo crítico de extinção (IUCN, 2018), o que é um alarme para sua conservação e manejo. Face a estes problemas, são necessários estudos para determinar o estado atual da espécie e medidas de conservação para a sua proteção, uma vez que afectam tanto as suas condições como os seus habitats, que são declarados sítios frágeis pela convenção RAMSAR, porque estão a ser afectados pelas alterações climáticas e pela atividade humana, causando uma falta de alimentos e locais de nidificação para a espécie, reduzindo a sua população e potencialmente levando à sua extinção (Morales, S & Torres, M. 2019).

JUSTIFICAÇÃO

A palanca da Nicarágua (Q. nicaraguensis) é uma espécie relacionada com as zonas húmidas do Pacífico da Nicarágua, atualmente considerada uma espécie endémica bi-nacional, uma vez que migrou para o norte da Costa Rica, especificamente para a zona de Caño Negro, mantendo sempre uma relação com as águas efluentes dos lagos da Nicarágua (CRBIO, 2000), razão pela qual deve ser uma espécie prioritária na conservação da biodiversidade.

Em 2018, a Lista Vermelha da Nicarágua incluiu a espécie como uma das oito aves criticamente ameaçadas, mas até agora não foram realizados estudos para conhecer a densidade populacional da espécie e como esta tem vindo a diminuir ao longo dos anos (IUCN, 2018).

Q. nicaraguensis é uma espécie prioritária para conservação e são necessários mais estudos para compreender a sua distribuição e ajudar na sua conservação. A espécie enfrenta atualmente múltiplas ameaças devido à destruição do seu habitat e está em risco de extinção (Sandoval, L. 2018). Na ausência de estudos sobre a sua densidade, propõe-se a seguinte investigação para servir de base a futuros estudos populacionais desta espécie e do seu habitat.

ANTECEDENTES

Há relativamente pouca investigação sobre o Mutum da Nicarágua ou Q. nicaraguensis, principalmente para investigar a sua distribuição e adaptação às margens dos lagos e zonas húmidas da Nicarágua. Martínez et al. (2001), no seu estudo sobre a biodiversidade zoológica da Nicarágua, destacam o Q. nicaraguensis como a única espécie de ave considerada endémica do país, com uma distribuição limitada aos lagos da Nicarágua e, por razões de desflorestação, uma pequena população tem vindo a expandir-se, nidificando nos pântanos do sector do Rio Frio, na Costa Rica.

Birdlifel (2004) descreve o comportamento e a etologia de Q. nicaraguensis como uma ave da família Icteridae com dimorfismo sexual, de cor preta semelhante à de Quiscalus mexicanus, mas de menor tamanho, que se alimenta de pequenas sementes e insectos. Não há mais estudos sobre a etologia da ave.

Zolotoff et al, (2009) numa investigação sobre áreas importantes para a conservação de aves na Nicarágua, destacam as espécies mais importantes de acordo com o habitat, destacando as zonas húmidas do Lago Nicarágua como uma área secundária que acolhe Q. nicaraguensis e é constituída por microhabitats que rodeiam os lagos Cocibolca e Xolotlán da Nicarágua.

A maioria das zonas húmidas da Nicarágua suporta uma importante diversidade biológica e, em muitos casos, constitui habitats críticos para espécies gravemente ameaçadas (J. Mairena, 2016). De acordo com Morales (2019), Q. nicaraguensis tem uma dieta totalmente dependente de zonas húmidas, sendo a lagoa Tisma um dos locais onde a espécie é mais encontrada, mas ao mesmo tempo são os locais mais ameaçados na Nicarágua e a nível mundial. Sánchez (2007) também fez uma lista padrão das aves da Nicarágua onde encontramos a distribuição de cada espécie de ave nicaraguense, com Q. nicaraguensis distribuída em três zonas húmidas desta lista, nomeadamente as zonas húmidas de Monte Galán em La Paz Centro, El Guayabo em Granada e Los Guatuzos, Rio San Juan.Por outro lado, foram realizados vários estudos de ornitofauna em que foi registada a presença de Q. nicaraguensis; em Rivas, Nicarágua, foi realizado um estudo de aves para prever colisões de torres eólicas em 2010-2011, antes da sua construção (Zolotoff, 2020) onde encontraram uma espécie na lista vermelha com categoria criticamente ameaçada, sendo esta Q. nicaraguensis.Finalmente, os estudos sobre o estado de Q. nicaraguensis são poucos e não publicados oficialmente, Morales, S & Torres, M. (maio, 2019) em pesquisas anteriores concordaram que Q. nicaraguensis poderia ser extinto, muitas colónias desapareceram dos locais onde costumavam estar, os factores que investigam são a construção de casas e a destruição das zonas húmidas de que dependem. Como não há estudos anteriores que estimem a densidade populacional de Q. nicaraguensis, não é possível fazer uma comparação sobre se a densidade da espécie aumentou, diminuiu ou permaneceu igual à de anos anteriores.

QUADRO TEÓRICO

Linha de base

De acordo com o SEIA, (2001), uma linha de base é definida como o estado atual da área de atuação, antes da execução de um projeto de investigação e é uma das principais ferramentas no processo de elaboração de estudos ambientais e constitui a base para a realização da avaliação de impactos, execução de medidas de gestão e monitorização da eficácia das medidas de conservação propostas. É importante que a linha de base tenha em consideração não só o estado atual da área de estudo, mas também factores que possam influenciar os sistemas ambientais no futuro, por exemplo, efeitos das alterações climáticas ou taxas elevadas de desflorestação (SEIA, 2001). A informação incluída na linha de base deve servir como ponto de referência em relação ao qual serão medidas a magnitude e a importância dos impactos positivos e negativos do projeto (NEPA, 2017).

A base de referência de um projeto deve descrever a finalidade da investigação, cumprir os objectivos e fornecer informações para monitorizar futuros acompanhamentos. Deve ter um âmbito e um foco que se refira à cobertura da linha de base, como a população, o objetivo e a dimensão da amostra.

Aves da Nicarágua.

Na Nicarágua, as aves são o grupo de vertebrados terrestres com maior número de espécies; estas espécies constituem 8% das aves da América Latina, com um total de 764 espécies registadas (Chavarría L., 2018).Destas espécies 644 são aves aquáticas, 482 são residentes e 112 são migratórias, 19 espécies são consideradas entre populações migratórias e residentes (Chavarría L., 2018). O Zanatillo nicaraguense (Q. nicaraguensis) é a única espécie do país considerada endémica binacional, uma vez que a sua distribuição se limitava às margens dos lagos Cocibolca e Xolotlán, mas a desflorestação da zona fronteiriça com a Costa Rica, a sul do lago Cocibolca, permitiu a expansão de uma pequena população que agora nidifica nos pântanos do sector do Rio Frío, Costa Rica (M. Sánchez et al, 2001). De acordo com o V Relatório Nacional de Biodiversidade, 2014, as áreas de endemismo são identificadas por conjuntos de duas ou mais espécies de alcance restrito (com intervalos de distribuição de menos de 50.000 km^2) e, de acordo com o conceito de endemismo regional, a Nicarágua tem 14 espécies endémicas e, na zona húmida, é o lar de Q. nicaraguensis.

As aves como bio-indicadores de habitat.

De acordo com a Birdlife (2015), as aves estão presentes em todos os habitats, podem deslocar-se facilmente e reagem rapidamente a qualquer alteração dos habitats, como uma mudança na cadeia alimentar ou alterações no seu ambiente físico, pelo que são consideradas bons bioindicadores, ajudando a avaliar a diversidade e a integridade dos ecossistemas a nível global. Por exemplo, a presença de aves de pesca nos cursos de água indica a presença de peixes, enquanto um número excessivo de gaivotas pode sugerir a presença de um aterro sanitário.Está provado que quando as aves são protegidas, uma grande parte da biodiversidade também é protegida. Durante anos, a BirdLife International tem vindo a identificar as áreas mais importantes para as aves em todo o mundo, conhecidas como IBAs (Important Bird and Biodiversity Areas). Estudos demonstram que as IBAs albergam até 80% do resto da biodiversidade mundial. Por outras palavras, os sítios importantes para as aves são também importantes para todos os seres vivos, uma vez que a salvaguarda de sítios importantes para as aves também salvaguarda o resto das ordens biológicas (BirdLife, 2015).

Estado de conservação das aves

A Nicarágua não dispõe de uma estratégia de conservação de aves que inclua espécies ameaçadas ou actividades específicas para a sua conservação, no entanto, a lista vermelha da IUCN e os anexos da CITES são frequentemente utilizados para estabelecer o sistema de encerramentos. (Morales et al, 2009).

Existem várias ameaças às aves, sendo as principais a perda de habitat devido à desflorestação e, em alguns casos específicos, a caça, tanto comercial (para exportação) como de subsistência (Martínez S. et al, 2001). Outras ameaças são a perda de zonas húmidas devido à sobre-exploração da água para a agricultura, a expansão das explorações de camarão, a contaminação das zonas húmidas por agroquímicos e a falta de consciência ambiental (Morales, S. et al, 2007). A segunda edição da lista vermelha da Nicarágua, actualizada em 2018, enumera todas as espécies de vertebrados ameaçadas de extinção. A tabela seguinte mostra as oito espécies de aves criticamente ameaçadas na Lista Vermelha, sendo o Tordo da Nicarágua a única espécie criticamente ameaçada com endemismo regional da Nicarágua na margem do lago e no norte da Costa Rica (Jaramillo & Burke, 1999, Torrez et al.).

Quadro 1 Espécies de aves inscritas na lista vermelha

Espécies de aves da lista vermelha, 2ª edição de vertebrados em risco de extinção, Nicarágua, 2018.	
Harpia harpyja (Linnaeus, 1758)	CR (estado crítico)
Pharomachrus mocinno (de la Llave, 1832)	CR (estado crítico)
Ara ambiguus (Bechstein, 1811)	CR (estado crítico)
Ara macao (Linnaeus, 1758)	CR (estado crítico)
Procnias tricarunculatus (Verreaux & Verreaux, 1853)	CR (estado crítico)
Thryothorus ludovicianus (Latham, 1790)	CR (estado crítico)
Cinclus mexicanus Swainson, 1827	CR (estado crítico)
Quiscalus nicaraguensis (Salvin & Godman, 1891)	CR (estado crítico)

Caraterísticas da erva-moura da Nicarágua (Quiscalus nicaraguensis).

Ave terrestre descrita em 1981 pelos naturalistas ingleses Osbert Salvin e Frederick Ducane Godman. Pertence à família Icteridae (Icteridae) da ordem Passeriformes, que compreende mais de metade das espécies de aves do mundo (Gald, C. 1990). Existem sete espécies do género Quiscalus ou zanates (AOU, 1998), mas apenas duas são encontradas na Nicarágua, Quiscalus nicaraguensis e Quiscalus mexicanus (Chavarría L., 2018).

Descrição

De tamanho médio, com cauda, bico e patas bastante compridos e pretos e olhos amarelo-pálido. O macho mede cerca de 29 cm de comprimento e a fêmea cerca de 24 cm, a plumagem do macho adulto é totalmente preta e a cauda é em forma de V, subindo do centro para as penas exteriores. Os machos imaturos são menos brilhantes do que os adultos, com o ventre e as coxas castanhas (Martínez-Sánchez et al.,

2014).

Ilustração 2. Macho de Q. nicaraguensis

(Obando, 2017).

Ilustração 3.Fêmea de Q. nicaraguensis (Obando, 2017)

A fêmea é castanha na parte superior, com uma lista superciliar (faixa ocular) pálida que é fácil de ver. As coxas, os flancos e as coberturas da cauda são castanho-escuras, enquanto o resto da parte inferior é bege, mais escuro na parte superior do peito e mais pálido na garganta e na barriga (Martínez-Sánchez et al., 2014).

Chamadas

As notas habituais são um "yep" nasal. Um pinto agudo e seco; também uma variedade de assobios mais agudos, mais fracos e menos variados que os do Quiscalus mexicanus, o canto do macho é composto por assobios que aceleram numa inflexão ascendente:_ (F. Gary Stiles e Alexander F. Skutch, 1995).

Distribuição e habitat

O Tordo da Nicarágua (Q. nicaraguensis) é um dos melros (Icteridae) mais familiares. Comum em paisagens antropogénicas, o seu hábito de forrageamento é no solo em áreas abertas, com plumagem preta ou castanha iridescente nas fêmeas (Alexis, F. et al, 2008). Existem atualmente sete espécies reconhecidas (AOU, 1998), todas elas muito semelhantes em termos de morfologia, comportamento e ecologia.

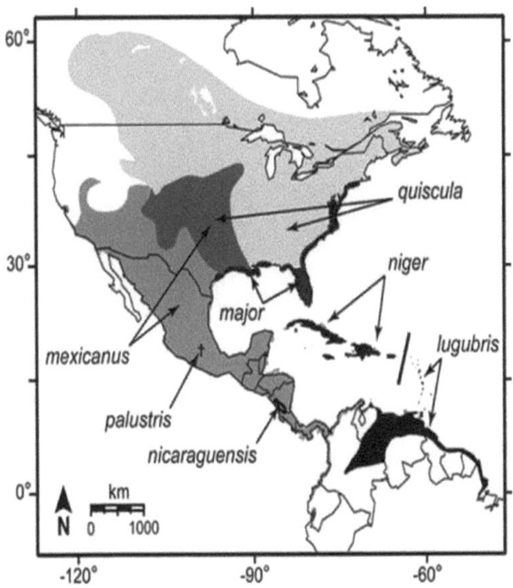

Ilustração 4. Distribuição das espécies do género Quiscalus (A.F., et al, 2018).

No entanto, a sua área de distribuição colectiva abrange grande parte da América do Norte e das Caraíbas, estendendo-se até à América do Sul, mas apenas duas espécies têm uma distribuição extremamente limitada, nomeadamente o Quiscalus palustris, um endemismo mexicano extinto devido à perda de habitat (IUCN, 2000) e o Quiscalus nicaraguensis (Alexis, F. et al, 2008). A cenoura da Nicarágua está limitada apenas à Nicarágua e ao norte da Costa Rica. Encontra-se principalmente nas margens dos lagos e zonas húmidas da Nicarágua (Morales, et al, 2007). Segundo Ebird, (2017) na Costa Rica distribui-se na zona do Caño Negro ao longo do Rio Frío. É uma espécie não migratória, mas faz alguns movimentos locais em resposta às estações do ano e às mudanças no nível da água.

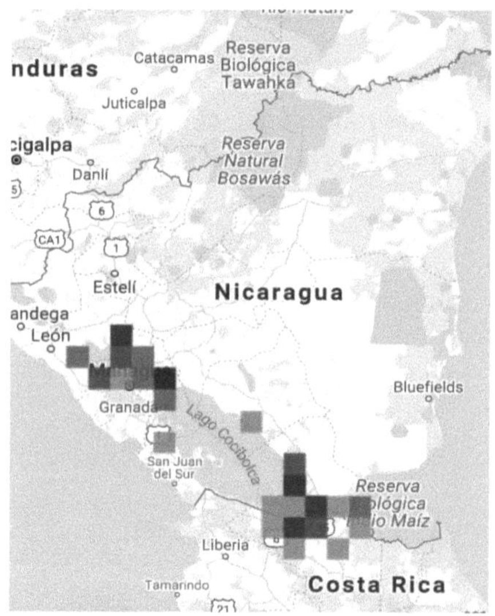

Ilustração 5 Distribuição deQ. nicaraguensis (EBird, 2018).

J, Sánchez (2007), no estudo Lista patrón de aves en Nicaragua, apresenta dados sobre o habitat, a amplitude altitudinal, a distribuição e a abundância das aves da Nicarágua. Foram registadas áreas importantes onde se encontra a espécie Quiscalus nicaraguensis.

Sítios importantes para Quiscalus nicaraguensis.

Ensenada el boquerón ou Monte Galán: Situada no município de La Paz Centro, departamento de León, é uma das melhores zonas húmidas do Lago Xolotlán e um bom lugar para observar o Zanatillo nicaraguense (Q. nicaraguensis).El Guayabo Wetlands: Localizado no departamento de Granada, na estrada de terra para Malacatoya, 25 km paralelamente à margem do Lago Cocibolca. Estas lagoas são um dos melhores lugares para observar o maçarico-de-barriga-amarela (Gampsonyx swainsonii), o maçarico-dos-caracóis (Rosthramus sociabilis), o carão (Aramus guaruma) e o maçarico-da-nicarágua (Quiscalus nicaraguensis). Ilha Juan Venado: Situada no departamento de León, cumpre os critérios do IBAS para colónias de nidificação maciça de aves aquáticas. Estas colónias são compostas principalmente por: Eudocimus albus, Egretta caerulea, Egretta thula, Bubulcus ibis e Cochlearius, Quiscalus nicaraguensis, Amazona auropalliata, Calocitta formosa, Ortalis vetula. Zonas húmidas setentrionais do lago Nicarágua: Compreende a margem norte-nordeste do lago Manágua, com zonas húmidas importantes para as aves aquáticas de Momotombo a Pacora, esta última com uma colónia de reprodução de Q. nicaraguensis. Laguna de Tisma: Sítio RAMSAR que alberga Q. nicaraguensis. Vários estudos constataram a presença de Q. nicaraguensis em sítios que não são sítios RAMSAR e não se encontram no IBAS, como a zona costeira de Amayo, no departamento de Rivas, e as zonas húmidas de Tipitapa e Mateare. Q. nicaraguensis também foi registada no rio Limón, na Costa Rica, na sua foz no lago Cocibolca (Zolotoff, et al, 2012).

Etologia

Alimenta-se em pequenos grupos à procura de sementes e insectos no solo. Forrageia frequentemente à volta do gado, encontrando-se geralmente na companhia de sargentos (Agelaius phoeniceus) e pernilongos (Quiscalus mexicanus). Reproduzem-se de março a setembro, os seus ninhos encontram-se entre os arbustos, em forma de taça feita de erva, folhas e raízes de plantas herbáceas. A ninhada é constituída por três a quatro ovos azuis com manchas escuras concentradas na extremidade maior. Apenas a fêmea incuba os ovos, mas ambos os progenitores participam na alimentação das crias (Obando, 2016).

TAXONOMIA

Quadro 2 Taxonomia Q. nicaraguensis

Reino Unido	Animália
Borda	Chordata
Classe	Aves
Encomendar	Passeriformes
Família	Icterídeos
Género	Quiscalus VIEILLOT, 1816
Espécies	Quiscalus nicaraguensis (Salvin & Godman, 1891)

Estado de conservação e problemas associados ao Mutum da Nicarágua (Quiscalus nicaraguensis).

Q. nicaraguensis está na categoria de ameaça mais elevada de Criticamente em Perigo (Lista Vermelha, 2018). Morales. S & Torres, M. (2019) afirmam que Q. nicaraguensis está em perigo crítico de extinção, porque a dieta da espécie depende de zonas húmidas, que são os habitats mais ameaçados em todo o mundo, bem como a Lista Vermelha (IUCN, 2018) confirma o seu declínio devido à seca, queimadas e a mudança do uso da terra para terras agrícolas, porque devido a isso a vegetação das margens desapareceu, diminuindo assim o habitat potencial para a espécie.

Zonas húmidas da Nicarágua.

De acordo com a Convenção RAMSAR (Convenção sobre Zonas Húmidas) de 1971. As zonas húmidas são definidas como áreas de mar, pântano, turfa ou água, naturais ou artificiais, permanentes ou

17

temporárias, com água estática ou corrente, doce, salobra ou salgada, incluindo áreas de água marinha cuja profundidade na maré baixa não exceda seis metros. A Nicarágua tem as maiores zonas húmidas interiores da América Central e numerosas bacias hidrográficas, 20% do território da Nicarágua é constituído por zonas húmidas. Estes ecossistemas têm diversas funções, desde barreiras que protegem das tempestades e inundações, fonte de alimentos para as povoações humanas, até ao abrigo de importantes componentes da flora e da fauna, muitas delas ameaçadas de extinção (Zolotoff, 2001). As zonas húmidas são também conhecidas como sítios RAMSAR e são reconhecidas como espaços vitais para a degradação da matéria orgânica que permite a purificação da água (Moreno, 2017).

Algumas zonas húmidas têm a função de purificar os ecossistemas, como os pântanos, outras podem ser locais de remanso, como a zona húmida de Tisma, que tem uma função ecológica muito importante, uma vez que remove os sólidos em suspensão provenientes do Lago Xolotlán para o Lago Cocibolca (Moreno, 2017).

O maior risco para as zonas húmidas são as alterações climáticas. As caraterísticas topográficas destes ecossistemas tornam-nos vulneráveis aos efeitos das alterações climáticas porque dependem em grande medida da recarga de água, da precipitação e dos regimes de precipitação. A sua não proteção pode causar graves problemas do ponto de vista ecológico, uma vez que são fontes de alimento para muitas espécies animais e vegetais (Guevara, 2018).

Atualmente, na Nicarágua, podemos contar com 11 zonas húmidas declaradas sítios RAMSAR, a saber Miskitos Cays e Faixa Costeira Imediata; Lago Apanás-Asturias; Delta do Estéreo Real; Reserva de Vida Selvagem, Los Guatuzos; Refúgio de Vida Selvagem Río San Juan; Sistema de Zonas Húmidas de San Miguelito; Sistema de Zonas

Húmidas da Baía de Bluefields; Sistema da Lagoa Tisma; Sistema do Lago Playitas-Moyuá-Tecomapa; Ilha Juan Venado; e Yolaina na Guiné Nueva. (Ruiz, 2018).

Classificação dos sistemas de zonas húmidas na Nicarágua De acordo com Zolotoff, 2002, as zonas húmidas são classificadas da seguinte forma Grandes zonas húmidas

São geralmente sistemas alimentados por afloramento, são permanentes e estão normalmente localizados no continente. Sistemas lagunares ou lagos tectónicos São microssistemas em que mais de 70% da água é húmida, sendo o restante constituído por água com profundidade superior a 6 m. A maioria dos lagos do país pertence a esta categoria, incluindo alguns lagos de cratera, como o Nejapa em Manágua e o Monte Galán em La Paz Centro, León.

Zonas húmidas marginais

Áreas periodicamente cobertas por água na vizinhança imediata de uma grande massa de água (rio, lago, mar) e diretamente dependentes da dinâmica desta última. O movimento principal da água é horizontal.

Zonas húmidas marginais ribeirinhas

Áreas periodicamente inundadas, diretamente ligadas a um rio, cuja estrutura biótica é simultaneamente causa e consequência de interações bidireccionais com o rio, com pouca recorrência. Estas zonas húmidas são frequentes nas Caraíbas.

Zonas húmidas de lagos marginais

Zona periodicamente inundada diretamente ligada a um lago. Bioticamente, comporta-se geralmente como um ecótono entre os ecossistemas terrestres e um lago. As zonas húmidas de San Miguelito e Los Guatuzos pertencem a este grupo.

Zonas húmidas costeiras marginais

Zona periodicamente inundada, diretamente ligada à costa marinha. A interação biótica é regulada principalmente por factores de variabilidade sazonal recorrente, como as marés. São geralmente designadas por mangais, lagoas costeiras ou zonas pantanosas.

ECOLOGIA POPULACIONAL

De acordo com M. Busch, (2017) a ecologia populacional é o ramo da ecologia que estuda a estrutura e a dinâmica das populações. Uma população pode ser definida como o conjunto de indivíduos da mesma espécie que habitam o mesmo local e ao mesmo tempo. É um estudo complexo, mas extremamente útil para compreender a taxa de mortalidade, a taxa de natalidade ou os fluxos migratórios (imigração e emigração) de espécies e populações que têm um impacto direto nos ecossistemas (Bush, 2017). As caraterísticas e os processos a nível populacional são determinados por caraterísticas e processos a nível individual, mas não são a simples soma destes, sendo antes propriedades emergentes (Bush, 2017).

Quadro 3 Caraterísticas estruturais da população

Caraterísticas individuais	Caraterísticas da população
Idade ou fase Tamanho Sexo Comportamento	Densidade ou abundância Distribuição por idade ou estádio Rácio entre os sexos Disposição espacial

Quadro 4 Variáveis funcionais da população

Processos individuais	Processos populacionais
Desenvolvimento e crescimento Movimentos Reprodução Alimentação Morte	Crescimento da população Alteração da distribuição etária Mortalidade Taxa de natalidade Dispersão

A abundância de indivíduos numa população é um produto de factores físicos do ambiente, de factores históricos, da relação entre indivíduos e com outras espécies (Morlans, 2004).

Formas de exprimir a abundância (Bush, 2017).

• Densidade populacional: Número de indivíduos/unidade de área ou volume.

• Estimadores absolutos ou relativos: podemos obter uma estimativa de abundância que não depende da forma como é amostrada ou referenciada em relação a outra população (estimadores absolutos), ou podemos estimar em relação à intensidade de amostragem ou em relação a outra espécie (estimadores relativos).

-Estimadores diretos e indirectos: a abundância de uma espécie pode ser estimada através da observação dos seus indivíduos (estimador direto) ou através da observação de sinais, tais como pegadas, fezes, ninhos, danos nas plantas no caso de pragas (estimadores indirectos).

Densidade populacional

Segundo Hechen, J, (1975), a dimensão de uma população reprodutora em relação à área que ocupa designa-se por densidade populacional. O seu estudo requer a contagem de todos os indivíduos de uma determinada espécie numa determinada área de estudo ao longo do tempo e quanto mais se prolongar no tempo, maior será o valor da informação para poder analisar aspectos anteriormente referidos (estabilidade da população ao longo do tempo, restabelecimento de uma população, utilização do mesmo território por indivíduos diferentes). Os principais factores naturais que condicionam a densidade populacional nas espécies territoriais são a alimentação e a disponibilidade de locais de nidificação. A alimentação determina a densidade populacional nas aves territoriais (Newton 1979).

Outros factores naturais que podem influenciar as variações da densidade populacional são a mortalidade das aves migratórias (Newton 1979, Newton 2007) e a emigração ou mortalidade de adultos nas zonas de reprodução (Ferrer & Bisson 2003, Penteriani & Ferrer 2004). Os factores não naturais incluem a intervenção humana ou a urbanização.

Por sua vez, a densidade populacional condiciona os parâmetros demográficos em qualquer ser vivo porque afecta a disponibilidade de recursos (Fowler 1987; Francis et al. 1992; Sedinger et al. 1998). O comportamento territorial, ou territorialidade, é o mecanismo que ajusta o tamanho dos territórios, e portanto a densidade populacional, de acordo com a disponibilidade de recursos (Lack 1966, Newton 1979). Este mecanismo actua, pelo menos, de duas formas: por um lado, quanto menos recursos uma zona oferece, mais território um casal reprodutor precisa para cobrir as suas necessidades. Por outro lado, a presença de outros casais reprodutores na área significa que um novo par, para se instalar, terá de expulsar um dos existentes ou, pelo contrário, terá de se deslocar para outra área.

A fórmula seguinte é utilizada para estimar a densidade populacional utilizando transectos de faixa:

$$D = \frac{N}{2\,w\,L}$$

em que N é o número de animais detectados, L o comprimento total do transecto e w metade da largura total do transecto (Eberhardt, 1978). Métodos de contagem e de análise das populações de aves As aves são contadas por uma grande variedade de razões e por muitos métodos diferentes. No entanto, a escolha do método adequado para um determinado estudo é mais fácil se o objetivo da investigação for claro (Gonzales, F. 2015). O método adequado responde à(s) questão(ões) colocada(s) pelos investigadores. Por conseguinte, a seleção de um determinado método de amostragem depende da questão colocada pelos investigadores, do tempo e dos recursos, financeiros e humanos, disponíveis para realizar a tarefa (Bibby et al. 1992, Wunderle 1994).

Uma vez definidos os objectivos do estudo, a etapa seguinte é a seleção de um método. Existem vários métodos e qualquer um deles pode ser utilizado para detetar a presença de uma espécie num habitat (Arias, M et al, 2015). Os ornitólogos (observadores profissionais de aves) têm utilizado uma variedade de técnicas para estimar a abundância, a riqueza, a densidade, a composição e a distribuição das populações de aves. Embora exista uma grande variedade de métodos para monitorizar e avaliar as populações de aves (Ralph & Scott 1981, Verner. 1985, Bibby et al. 1992, Ralph et al. 1996), os mais utilizados são: contagens pontuais, contagens de rastos e redes ornitológicas.

Transectos de cintura

Neste tipo de transecto, todas as aves são registadas dentro da área definida pelo comprimento e pela largura, pré-determinados antes da avaliação. A largura varia entre 10 e 20 m de largura (dependendo da visibilidade do habitat), tendo em conta que a distância perpendicular do transecto à ave deve ser igual ou inferior à largura (Bibby et al., 1999). Neste tipo de transecto, o observador regista as aves detectadas enquanto percorre uma área em linha reta. Antes do início da amostragem, são estabelecidas faixas de largura fixa (w) em ambos os lados da linha e as aves detectadas no seu interior são contadas. O transecto de faixa é, portanto, uma área de amostragem de forma retangular. Este método é mais útil em habitats abertos (Wunderle 1994, Ralph et al. 1996), onde os pressupostos do método podem ser mais facilmente satisfeitos.

Ambiente doméstico

A área de vida é a área dentro da qual um indivíduo se desloca (Hernández et al, 2015), com o objetivo de adquirir recursos que aumentem a sua sobrevivência e reprodução (Hirth, 1963; Gutiérrez & Ortega, 1985). Estudos sobre o home range têm sido realizados para diferentes espécies, tanto terrestres (aves, répteis e mamíferos) como aquáticas (Zabel, et al. 1992; Ingram & Rogam, 2002). Estes estudos documentaram a influência da interação com as actividades humanas na escolha das áreas e na forma como os animais se deslocam no seu território.

Os factores que indicam que o tamanho da área de vida pode variar em função do sexo e do estado de reprodução. Neste contexto, os machos aumentam o tamanho da sua área de vida durante a época de reprodução (Ruby, 1978). A área de vida também pode diminuir se a densidade populacional ou a quantidade de alimento aumentar (Stamps, 1983; Ruby & Dunham, 1987). Também foram registadas variações inter-anuais e inter-populacionais no tamanho da área de vida (Hulse, 1981; Ruby & Dunham, 1987). Neste sentido, devido a constrangimentos fisiológicos, os indivíduos diminuem a sua área de vida quando o ano ou o habitat são extremos (Hulse, 1981; Ruby & Dunham, 1987). Estudos entre espécies utilizando métodos comparativos sugerem que o tamanho da área de vida está relacionado com o tamanho do corpo e o sexo (Perry & Garland, 2002), em que as espécies maiores e os machos têm áreas de vida maiores (em relação às espécies mais pequenas e às fêmeas), e pode também estar relacionado com o nível de atividade dos indivíduos, uma vez que as espécies mais activas necessitam de áreas de vida maiores para satisfazerem as necessidades energéticas acrescidas (Verwaijen & Van Damme, 2008).

Método do mínimo polígono convexo

O cálculo do Mínimo Polígono Convexo (MPC) permite gerar superfícies territoriais onde as juntas de todos os pontos do perímetro formam ângulos internos inferiores a 180°, reduzindo ao máximo a superfície de distribuição dos pontos (Romero, 2015). Este cálculo faz parte da análise da geometria do limite mínimo incluída na maioria dos Sistemas de Informação Geográfica. É uma das ferramentas que permite a otimização de superfícies territoriais para maximizar aspectos estratégicos, tais como distribuições ou densidades de várias variáveis temáticas com base em dados de distribuição em formato de ponto, linha ou polígono (Loaiza & Molina, 2019).

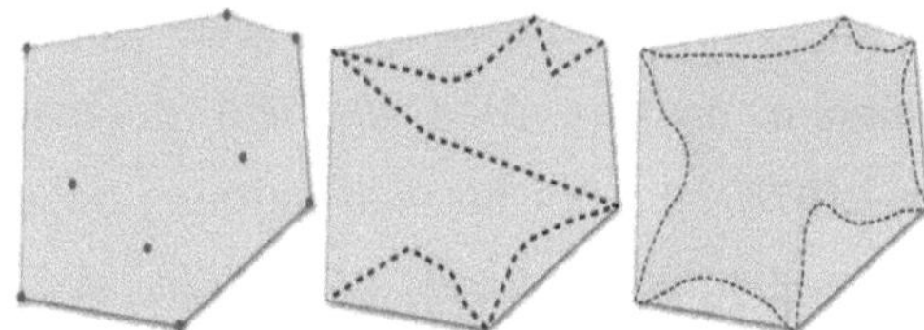

Ilustração 6. Dados distribuídos aleatoriamente (Romero, 2015).

Entre as aplicações do cálculo do Mínimo Polígono Convexo estão as análises de biodiversidade para estudos de distribuição de espécies de flora e fauna. Neste domínio, este tipo de polígonos permite identificar a área de utilização do habitat de uma espécie, englobando a distribuição de todas as localizações obtidas para uma espécie (Romero, 2015), e o cálculo destes polígonos ajuda a identificar aproximadamente a área ocupada pela espécie numa área territorial, o tempo que nela permanece ao longo do tempo ou a analisar a sensibilidade da espécie ao território ou à sua fragmentação (Romero, 2015). Deve-se ter em conta que o Polígono Mínimo Convexo não implica uma área completa de uso pela espécie. É necessário analisar a disponibilidade do habitat da espécie para essa área, pelo que é interessante considerar uma cartografia complementar que diferencie os diferentes tipos de vegetação ou usos do solo para excluir áreas de habitat indisponíveis ou sujeitas a barreiras (Gis & Beers, 2018).

QUADRO JURÍDICO

Lei Geral do Ambiente e dos Recursos Naturais Lei n.º 217, de 17 de janeiro de 2014, publicada na La Gaceta n.º 20, de 31 de janeiro de 2014, visa estabelecer as regras para a conservação, proteção, melhoria e recuperação do ambiente e dos recursos naturais que o compõem, assegurando a sua utilização racional e sustentável, em conformidade com as disposições da Constituição Política. Na Secção III (Secção das Áreas Protegidas), o artigo 20.º, n.º 7, reconhece a Reserva Natural como área protegida. O Capítulo II Biodiversidade e Património Genético Nacional, artigo 76.º, estabelece que o MARENA determinará a lista de espécies em perigo, ameaçadas ou protegidas, a fim de criar mecanismos de proteção que garantam a sua recuperação e conservação. (Ley General del Medio Ambiente y los Recuros Naturales, 2014).

A Lei 807 sobre a Conservação e Utilização Sustentável da Diversidade Biológica tem como objetivo regulamentar a conservação e a utilização sustentável da diversidade biológica do país, garantindo a participação equitativa e a distribuição justa dos benefícios derivados da sua utilização, com especial atenção às comunidades indígenas e afrodescendentes, bem como o respeito e o reconhecimento dos direitos de propriedade intelectual, das formas tradicionais e consuetudinárias de utilização das comunidades locais.

O artigo 34.º do Capítulo VII, relativo à conservação in situ, menciona as espécies com áreas de distribuição reduzidas, as espécies ameaçadas e em perigo de extinção como objeto de conservação in situ (Lei sobre a conservação e a utilização sustentável da diversidade biológica).

A Estratégia Nacional para a Biodiversidade e o seu plano de ação, Resolução Ministerial n.º 27-2002, aprovada em 18 de julho de 2002, publicada em La Gaceta n.º 156 de 20 de agosto de 2002, visa gerar processos participativos entre os diferentes sectores da sociedade nicaraguense, a fim de alcançar a conservação e a utilização sustentável da diversidade biológica, em consonância com o desenvolvimento económico e social.

A Secção II (Categorias de Gestão de Áreas Protegidas) do artigo 19º menciona as reservas naturais (Estratégia Nacional para a Biodiversidade e respetivo Plano de Ação, Resolução Ministerial, 2002).

Reglamento de áreas protegidas de Nicaragua decreto ejecutivo No. 01-2007, aprobado el 08 de enero del 2007, publicado en La Gaceta, Diario Oficial No. 8 del 11 de enero del 2007, tiene por objeto establecer las disposiciones necesarias relativas de las áreas protegidas del Título II Capítulo II Sección III de la Ley General del Medio Ambiente y los Recursos Naturales. (Reglamento de Areas Protegidas de Nicaragua, 2007).

Decreto - lei de criação de reservas naturais no Pacífico da Nicarágua n.º 1320, aprovado em 8 de setembro de 1983, publicado em La Gaceta, Diario Oficial n.º 213 de 19 de setembro de 1983, decreta, no artigo 2.º, alínea G, a lagoa Tisma como reserva natural (Decreto- ley creación de reservas naturales en el pacifico de Nicaragua, 1983).

O Decreto n.º 78-2003 que estabelece a Política Nacional de Zonas Húmidas, aprovado a 10 de novembro de 2003, publicado na La Gaceta n.º 220 de 19 de novembro de 2003, visa estabelecer os objectivos, orientações e mecanismos que definem a Política Nacional de Zonas Húmidas, bem como a sua implementação e avaliação (Decreto que estabelece a Política Nacional de Zonas Húmidas, 2003).

METODOLOGIA

Área de estudo

O estudo foi realizado de março a julho de 2020, em zonas costeiras e zonas húmidas de três departamentos (Manágua, Masaya e Rivas) da região do Pacífico da Nicarágua.

Zona húmida de Tisma

A área incluía o sítio RAMSAR "Humedal de Tisma", um dos locais mais importantes para a observação de aves aquáticas, que representa um refúgio de conservação para a flora e fauna presentes. Situa-se entre os dois lagos da Nicarágua, é uma das zonas húmidas onde a espécieQ nicaraguensis (Ebird, 2018), a sua vegetação é caracterizada por extensas

Ilustração 7. Área de estudo em Tisma.

O tule (Typha latifolia) é a formação vegetal predominante da qual a espécie é totalmente dependente, pelo que consideramos de vital importância conhecer o estado atual da população neste habitat. A zona húmida é limitada a norte pelo departamento de Tipitapa, a sul pelo departamento de Granada, a leste pelo lago Cocibolca e a oeste pelo município de Tisma.

Zona húmida de Mateare

Mateare situa-se a 25 km do departamento de Manágua e é um dos oito municípios deste departamento. Situa-se entre as coordenadas 12° 14' de latitude norte e 86° 25' de longitude oeste. Limita a norte com o Lago Xolotlán, a sul com Villa Carlos Fonseca, a leste com o município de Manágua e Ciudad Sandino e a oeste com o município de Nagarote. O tipo de vegetação desta zona húmida é caraterístico de pradaria, com matos à beira da água e juncos de Tule (Typha latifolia) na zona pantanosa da zona húmida. De acordo com Morales, S. (2019), a zona húmida de Mateare albergava colónias de Q. nicaraguensis, mas estas foram reduzidas. Por este motivo, consideramos este local de grande importância para conhecer a densidade populacional desta espécie.

Ilustração 8. Área de estudo em Mateare

Tipitapa

Ilustração 9. Área de estudo em Tipitapa.

Situa-se numa planície que serve de ponte natural, ligando o lago Xolotlán ao lago Cocibolca através do rio Tipitapa. A investigação destina-se a ser realizada nas zonas pantanosas, incluindo o rio Tipitapa, sendo esta zona parte do sistema lagunar de Tisma e um dos poucos locais onde ainda se pode observar o pernilongo da Nicarágua (Q. nicaraguensis) (Morales, 2015).

Rivas

A investigação foi realizada na zona costeira que abrange La Virgen e Amayo, a 10 km da cidade de Rivas, o clima da zona varia entre 28° e 30° C. De acordo com Zolotoff, J (2010), a vegetação desta zona é caraterística das zonas costeiras, com árvores de grande porte e o tipo de solo é arenoso. A velocidade média do vento tem variações sazonais ao longo do ano, com a parte mais ventosa a durar cinco meses e a parte mais calma a durar sete meses, de abril a novembro (Weather Spark, 2019).

Ilustração 10. Área de estudo em Rivas.

Estudos anteriores registaram a presença de Q. nicaraguensis nesta zona de Rivas. Considerando que a espécie se distribui ao longo das margens dos lagos, o objetivo é estimar a densidade populacional nesta zona e saber se a espécie ainda está associada a este tipo de ecossistema.

Áreas de distribuição de Q. nicaraguensis (EBird, 2018).

Ilustração 12. Áreas de áreas de estudo (Google Earth).

Este estudo tem uma abordagem mista de acordo com Sampieri et al 2010, pois foram medidas variáveis quantitativas como a densidade populacional, assim como foram utilizadas variáveis qualitativas para identificar as caraterísticas da espécie e sua distribuição, é também um estudo exploratório de âmbito descritivo (Sampieri et al 2010) que nos permitiu definir as caraterísticas da espécie e recolher dados sobre as suas áreas de preferência. Utilizámos um desenho não-experimental (Sampieri et al 2010) transeccional ou transversal que não considera a monitorização ao longo do tempo.

População e amostra População

Indivíduos da erva-moura da Nicarágua (Q. nicaraguensis) encontrados em zonas costeiras e húmidas de três departamentos (Manágua, Masaya e Rivas) da Nicarágua.

Amostra (pré-amostragem)

Na pré-amostragem, foram considerados todos os indivíduos de Zanatillos (Q. nicaraguensis) observados em 9 transectos de 30 x 500 m, localizados em quatro áreas de estudo correspondentes aos departamentos de: Manágua (Mateare e Tipitapa), Masaya e Rivas, foram considerados. Os transectos foram percorridos por duas pessoas, entre as 6:00 e as 9:00 da manhã, sendo estas as horas de maior atividade das aves (Bibby et al. 1992, Wunderle 1994).

Métodos de investigação

Para obter a **estrutura populacional**, foi utilizado o método de contagem por transectos em faixas, que consiste em realizar transectos em linha reta enquanto se observa o número de indivíduos da espécie Q. nicaraguensis encontrados em cada transecto, que têm 500 m de comprimento e 15 m de largura de cada lado.

A dimensão dos transectos foi ajustada com a fórmula:

$$\left(\frac{b}{CV\,(D_2)^2}\right)\left(\frac{L_1}{n}\right)$$

Onde b é o coeficiente de variação (selecionado pelo investigador), n o número de animais observados, L1 o comprimento total do transecto de pré-amostragem e CV (D) o coeficiente de variação obtido (Eberhardt, 1978).

A fórmula seguinte foi utilizada para estimar a densidade populacional:

$$D = \frac{N}{2\,w\,L}$$

Onde N é o número de animais detectados, L é o comprimento total do transecto e w é metade da largura total do transecto (Eberhardt, 1978).

Neste estudo, a monitorização foi realizada durante os meses de março a julho, abrangendo os meses da estação seca e da estação húmida, de acordo com o INETER, (2018) & (F. Gary Stiles e Alexander F. Skutch, 1995) a estação seca na Nicarágua compreende os meses de novembro a abril e a estação húmida os meses de maio a outubro, a monitorização terá início entre as 6 e as 9 horas da manhã. Para estimar a **área de vida**, foi utilizado o método do polígono convexo mínimo através das ferramentas de geometria de delimitação mínima do ArcToolBox no ArcGIS. Os dados utilizados (57 pontos de georreferência) foram retirados de registos de Q. nicaraguensis na base de dados Ebird. Para calcular a área da área de vida, a área dos lagos e a área dos usos do solo que não correspondem ao habitat da espécie foram subtraídas da área total do polígono.

O numerário da população foi estimado através da seguinte equação:

$$N = d \times A$$

Onde d é a densidade populacional e A é o nível do agregado familiar.

Para determinar os requisitos de um estudo populacional com um nível significativo de confiança, foram utilizados os resultados da pré-amostragem onde foram obtidas as estatísticas de dispersão, foi utilizado o teste não paramétrico de Kruskal-Wallis, este é um método para testar se um grupo de dados provém da mesma população (Ochoa, 2015), permite saber se a variável de interesse (densidade populacional) é diferente ou semelhante em cada local (estrato) e, assim, propor um desenho de amostragem ajustado à distribuição da variável. Posteriormente, a dimensão da amostra necessária foi calculada em função do tipo de amostragem e do erro máximo admissível (Amat, J. 2016). As fórmulas utilizadas para estimar a população efectiva foram as seguintes

$$n = \frac{N\sigma^2}{(N-1)D+\sigma^2}$$

$$N = \frac{B^2}{4N^2}$$

ANÁLISE DE DADOS

Os softwares Excel e SPSS foram utilizados para analisar os dados de densidade e razão sexual obtidos na pré-amostragem. Para estimar a área de distribuição da espécie, foram utilizados os programas ArcGIS e Google Earth, alimentados com a base de dados de distribuição de Q. nicaraguensis no sítio Web Ebird.

Variáveis de investigação

Quadro 5 Variáveis

Objetivo	Variáveis	Indicador	Tipo
1	Densidade populacional global	Número de árvores de carniça por área de transecto	Quantitativo contínuo
1	Densidade populacional/ departamento ou zona	Densidade das árvores de cenoura em Mateare, Rivas, Tipitapa e Tisma	Quantitativo
1	Sexo	Proporção de machos e fêmeas nos transectos	Qualitativo
2	Ambiente doméstico	Área/ hectares	Quantitativo
3	Tipo de amostragem	Tipo de amostragem adequado à distribuição da densidade	Qualitativo
3	Tamanho da amostra	Dimensão da amostra representativa da população de estudo	Quantitativo

Pré-amostragem

Obteve-se um total de 199 registos, com 192 registos visuais (96,5%) e 7 registos auditivos (3,5%) de Quiscalus nicaraguensis. O maior número destes registos foi em Tisma, com 75 indivíduos (37,68%) e o menor foi em Rivas com 1 indivíduo (0,50%) (Figura 1).

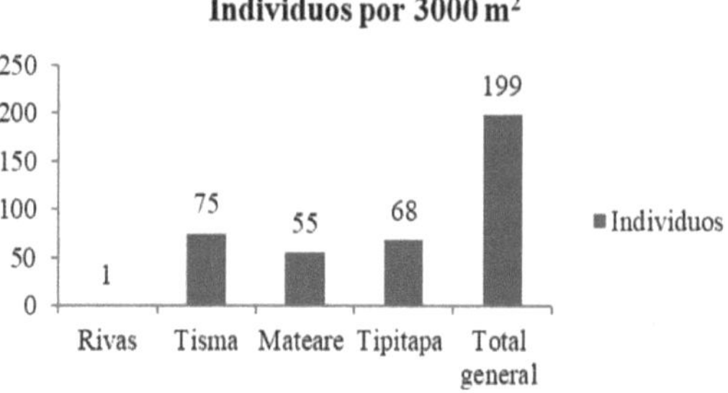

Figura 1 Indivíduos de Q. nicaraguensis

Obteve-se uma densidade total de 12 indivíduos por 3000 m² , o que equivale a 40 indivíduos por hectare. O valor central das densidades obtidas por área foi: Mateare 50 indivíduos por hectare, Tipitapa 37 indivíduos por hectare, Tisma 67 indivíduos por hectare, sendo esta a área com maior densidade. Em Rivas não se obtiveram resultados (0 indivíduos) (Gráfico 2).

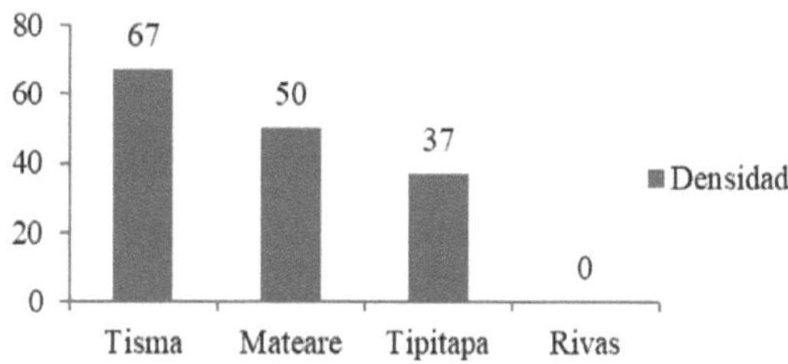

Figura 2 Densidade de Q. nicaraguensis

Das áreas estudadas, três têm o mesmo tipo de zona húmida lacustre marginal (Tisma, Tipitapa e Mateare), com exceção da área de Rivas, que tem sistemas lagunares ou lagos tectónicos (Zolotoff, 2012), com base nos dados recolhidos, observa-se uma preferência das espécies pelo tipo de zona húmida lacustre marginal (Figura 3). O tipo de zona húmida apresentou uma diferença acentuada, mostrando que o habitat preferido corresponde a zonas húmidas lacustres como Tisma, Tipitapa e Mateare, sempre ligadas aos lagos da Nicarágua e longe da atividade humana (ver gráfico 3). De acordo com Zolotoff (2005), as caraterísticas e a diversidade destes dois tipos de habitats são determinadas pela natureza geomorfológica do substrato, pelo clima e pelo regime hidrológico predominante, ou seja, a origem da água que origina e permite a existência da zona húmida.

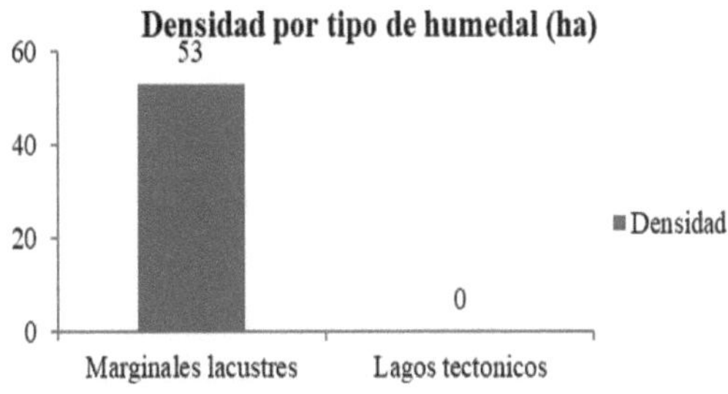

Figura 3 Densidade por tipo de humidade

A densidade sazonal foi estimada, com maior densidade na estação seca (Figura 4).

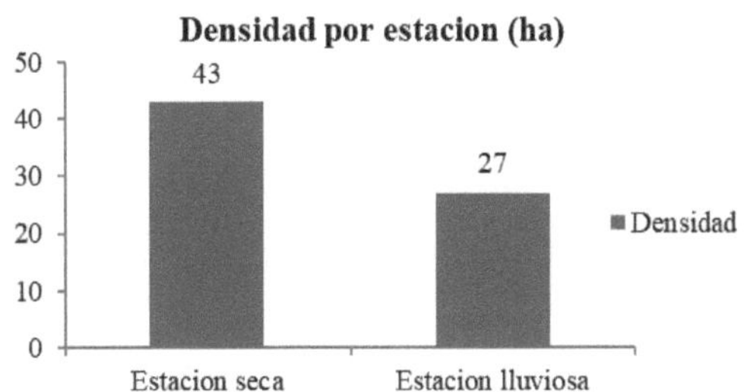

Gráfico 4 Densidade por estação

Rácio entre os sexos

O sexo dos indivíduos foi determinado com base no tamanho e na cor do corpo, uma vez que a espécie é sexualmente dimórfica, sendo as fêmeas mais pequenas e com plumagem de cor diferente da dos machos. A análise dos dados relativos ao sexo mostrou que 73% dos indivíduos observados eram machos, 20% eram fêmeas e 7% não foram identificados.

No geral, foram observados mais machos do que fêmeas, com uma diferença de 145 machos (1 em Rivas, 46 Tisma, 45 Mateare, 55 Tipitapa) e 39 machos (1 em Rivas, 46 Tisma, 45 Mateare, 55 Tipitapa). fêmeas (20 Tisma, 8 Mateare, 11 Tipitapa), com 15 indivíduos não identificados (9 Tisma, 4 Mateare, 2 Tipitapa) destes, 7 eram registos (Figura 5).

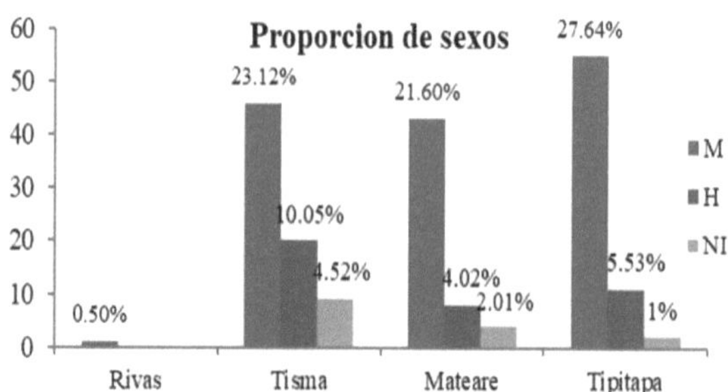

Figura 5 Rácio entre os sexos

Rácio de sexos por estação

Foi observada uma proporção semelhante de machos e fêmeas entre as estações seca e chuvosa, com uma predominância de machos ao longo do ano (Figura 6 e 7).

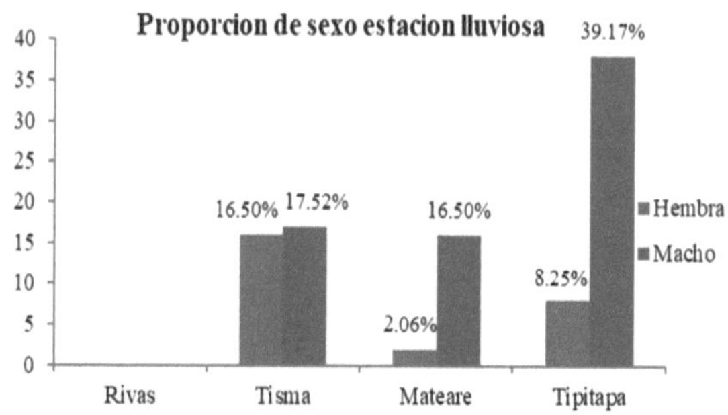

Figura 6 Rácio de sexos na estação das chuvas

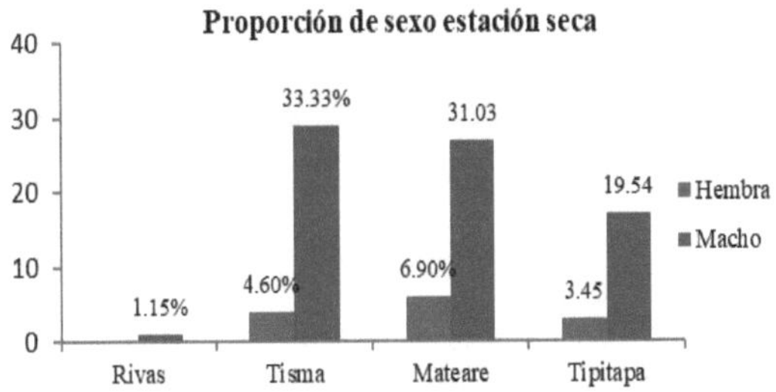

Figura 7 Rácio entre os sexos na estação seca

Confiança dos resultados da densidade

Para determinar a confiabilidade da densidade populacional estimada no estudo (12 indivíduos/3000 m^2), foram calculados intervalos de confiança de 95% a partir das estatísticas de dispersão (tabela 7). De acordo com os intervalos estimados, o valor real da densidade populacional de Q. nicaraguensis encontra-se entre **3 a 27 indivíduos por 3000 m^2** , o que equivale a **10 a 90** indivíduos por hectare. Os dados de dispersão obtidos para cada área foram:

Quadro 6 Dados de dispersão

Sítio de estudo	Mediana (Densidade)	Desvio	Desvio padrão	Erro padrão
Mateare	15	104,25	10,21028893	5,105144464
Rivas	0	0,25	0,5	0,25
Tipitapa	11	291,3333333	17,06848949	8,534244743
Cisma	20	24,91666667	4,991659711	2,495829855
Total	12	12929,9958	113,71014	28,4275349

Agregado familiar ou área potencial

Foram utilizados 57 pontos de georreferência de Q. nicaraguensis distribuídos pelos lagos da Nicarágua, predominantemente em zonas húmidas lacustres e lagos tectónicos. Os dados de georreferenciação foram obtidos a partir da base de dados gratuita do site Ebird e foram processados com o programa ArcGIS, com o qual se obteve um mapa base da área de vida da espécie, que foi estimado utilizando o polígono convexo mínimo (Figura 10).A área de vida ajudou a determinar a área aproximada ocupada pela espécie no território nacional, resultando num total de **144.618 ha (1.446 km).²**

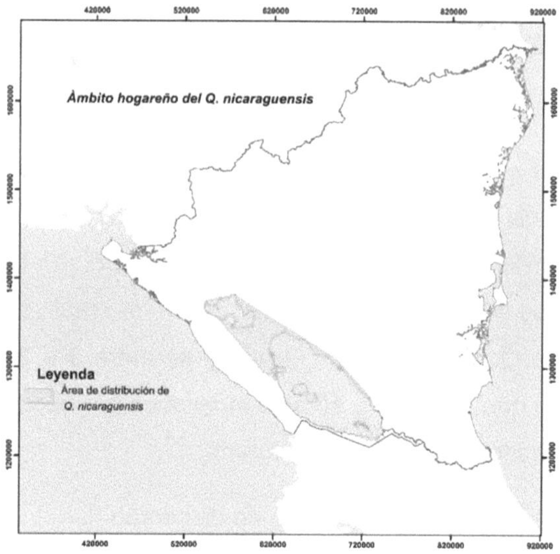

Ilustração 13. Área de vida de Q. nicaraguensis.

Tamanho da população de Q. nicaraguensis

Uma vez obtida a densidade populacional (d= 40 indivíduos/ha) e a área de vida (A= 144, 618 ha), foi possível obter uma aproximação da população efectiva correspondente a 5, 784,720 indivíduos de Quiscalus nicaraguensis.

Requisitos estatísticos para um estudo probabilístico significativo

O teste não paramétrico de Kruskal-Wallis (Ochoa, 2015) foi utilizado para testar se os dados provêm da mesma população. Obteve-se um valor da estatística H de Kruskal-Wallis de 7,3999, com uma probabilidade associada de 0,06, que é inferior ao nível de significância, $\alpha = 0,05$. Rejeitamos a hipótese nula e concluímos que não existe uma diferença significativa entre as distribuições das populações. Assim, o melhor desenho de amostragem a aplicar de acordo com o compartimento da população será a amostragem aleatória simples.

Quadro 7 Estatísticas de ensaio

Estatísticas de testea,b	
Kruskal-Wallis H	7.399
Gl	3
Sig. assintótico	.060
a. Teste de Kruskal Wallis	
b. Variável de agrupamento: Sectores	

Hipótese do teste de Kruskal-Wallis

Ho: As distribuições das 4 populações são iguais.

H1: Pelo menos uma das populações tem uma distribuição diferente.

Quadro 8 Classificações

Classificações			
	Sectores	N	Gama média
Quantos indivíduos por hectare	Mateare	4	9.63
	Rivas	4	3.13
	Tipitapa	4	9.63
	Cisma	4	11.63
	Total	16	

Posteriormente, a dimensão da amostra necessária foi calculada de acordo com o tipo de amostragem e o erro máximo admissível (Amat, J. 2016). Para obter o cálculo da dimensão adequada da amostra, foram utilizadas as seguintes estatísticas.

Dimensão da amostra necessária para estimar τ com um limite de erro B:

Onde

$$n = \frac{N\sigma^2}{(N-1)D + \sigma^2}$$

$$N = \frac{B^2}{4N^2}$$

População total

$$\tau: \quad \hat{\tau} = N\bar{y} = \frac{N\sum_{i-1}^{n} y_i}{n}$$

Variância estimada de

$$\hat{\tau}: \quad \hat{V}(\hat{\tau}) = \hat{V}(N\bar{y}) = N^2(f)\left(\frac{N-n}{N}\right)$$

onde

$$s^2 = \frac{\sum_{i-1}^{n}(y_i - \bar{y})^2}{n-1}$$

Limite para o erro de estimativa:

$$2\sqrt{\hat{V}(N\bar{y})} = 2\sqrt{N^2\left(\frac{s^2}{n}\right)\left(\frac{N-n}{N}\right)}$$

De acordo com os resultados dos estimadores, a dimensão da amostra necessária para um nível de confiança de 5% corresponde a **1437 parcelas de 3000 m .²**

DISCUSSÃO

Densidade populacional

A densidade de Q. nicaraguensis foi avaliada em quatro zonas húmidas no Pacífico da Nicarágua (Tisma, Tipitapa, Mateare e Rivas). Foi obtida uma densidade total de 40 indivíduos por hectare, Tisma foi o local com a maior densidade (67 indivíduos/ha), o que pode ser atribuído ao melhor estado de conservação, uma vez que esta área está entre os nove sítios RAMSAR na Nicarágua (sítio RAMSAR 1141) (Lara, 2018). De acordo com Zolotoff (2012), Tisma, Mateare e Tipitapa pertencem às zonas húmidas lacustres marginais que são áreas periodicamente inundadas ou pantanosas, ligadas a um lago.As densidades estimadas nestas áreas foram maiores em comparação com a área de Rivas, que pertence a sistemas lagunares ou lagos tectónicos (Zolotoff, 2012) e não foram obtidos resultados. Isto pode ser devido às condições de habitat presentes neste tipo de zona húmida com caraterísticas de zonas costeiras e não é uma área pantanosa, também em Rivas foi encontrada maior urbanização e perturbação antropogénica, estes fatores poderiam afetar a presença da espécie, bem como preferências de habitat como foi encontrado Quiscalus nicaraguensis concentrado principalmente na vegetação de zonas húmidas lacustres (Tisma, Mateare, Tipitapa), dependendo das espécies Typha latifolia em que seus ninhos foram encontrados.A estação seca (novembro a abril) apresentou maior densidade (43 indivíduos/ha), o que pode dever-se à influência da época de reprodução (março a setembro) que os leva a forragear mais na estação seca para aumentar as suas reservas de energia e estarem prontos para a época de reprodução, esta atividade de forrageamento torna mais provável a observação de Q. nicaraguensis nesta estação.

Rácio entre os sexos

Foi feita a contagem do número de machos e fêmeas presentes em cada uma das populações estudadas, sendo que os machos foram observados em maior número, tendo em conta que o estudo foi realizado durante a época de reprodução, que se inicia de março a setembro, é provável que as fêmeas estivessem nos seus ninhos, uma vez que as fêmeas já se encontravam nos seus ninhos. que são responsáveis pela incubação dos ovos (Escobar, M. 2009). É de salientar que este estudo não incluiu uma verificação de ninhos, no entanto, em Tisma foram observados ninhos dentro do transecto.

Ilustrações 14, 15, 16 e 17. Ninhos de Q. nicaraguensis, encontrados na zona húmida de Tisma.

A razão sexual por estação foi observada e não foram encontradas diferenças significativas em ambas as estações, com os machos superando as fêmeas. Na família Icteridae, a poligamia é normal (Naranjo, M. 2015), ou seja, tanto os machos como as fêmeas podem ter mais do que um parceiro ou apenas uma fêmea com vários machos. Assim, o aumento do número de machos deve-se à época de incubação ou reprodução, uma vez que as fêmeas passam a maior parte do tempo em locais de alimentação perto da área defendida pelo macho.

Ambiente doméstico

Sabe-se que Q. nicaraguensis se distribui ao longo das margens dos lagos da Nicarágua em zonas pantanosas e outros tipos de zonas húmidas (Morales, et al. 2009). Este estudo fornece-nos a primeira aproximação da área de distribuição da espécie no território nacional, resultando numa área de distribuição de 144.618 ha (1.446 km^2), que representa 35% das zonas húmidas importantes do país (RAMSAR org).

Efeito na população

É apresentada uma primeira aproximação da população efectiva de Q. nicaraguensis, que corresponde a 5.784.720 indivíduos/ha. Esta aproximação não é conclusiva porque é obtida a partir dos resultados de uma pré-amostragem, no entanto, estes dados são importantes para estabelecer a base de um programa de monitorização e para avaliar o estado de ameaça da espécie.

CONCLUSÕES

Foi obtida uma densidade populacional da espécie de **40 indivíduos por hectare**, sendo que, de acordo com os intervalos de confiança de 95%, a densidade real se situa entre **10 e 90** indivíduos por hectare. Tisma provou ser um local importante para a conservação da espécie, pois obteve os resultados mais altos de densidade (67 indivíduos/ha). Verificou-se que Q. nicaraguensis tem preferência por zonas húmidas de lagos marginais, uma vez que estas apresentaram a densidade mais elevada (53 indivíduos/ha). A estação do ano e o sexo não se revelaram factores determinantes nestes valores, uma vez que se trata de um padrão normal na espécie Q. nicaraguensis. A área de distribuição de Q. nicaraguensis representa 35% (**144.618 ha**) das zonas húmidas de importância internacional e tem uma distribuição relacionada com as margens dos lagos da Nicarágua. Para um estudo probabilístico significativo, o desenho mais apropriado é a **amostragem aleatória simples**, porque a distribuição das variáveis é igual entre os grupos. O esforço de amostragem para um nível de significância de 95% corresponde a **1437 parcelas de 3000 m** .^{2}

BIBLIOGRAFIA

AOU, 1998. Lista das aves da América do Norte. União Americana de Ornitólogos. Washington, DC

Arias, M et al. junho, 2015. Censo de aves e métodos de contagem. Universidade Nacional de San Cristóbal. Huamanga

Becerra, F. 2012. Diversidade, abundância sazonal e uso de habitat de aves limícolas migratórias no estuário do rio Gallegos. Tese de pós-graduação. Universidade Nacional da Patagónia Austral. Santa Cruz

Berlanga, H., et al. 2018. Avaliação do estado de conservação das aves da América Central. ONU. Florianópolis, Brasil.

Busch, M. 2017. Ecologia das populações. Ecologia geral

Casado, E (S.F). Dinâmica de uma população crescente de águia-calçada no Parque Nacional de Doñana: heterogeneidade do habitat e ajustamento individual. Universidade de Sevilha.

Castillo, F. 2018. Avaliação da qualidade ambiental do sistema de lagoas do refúgio de vida selvagem da zona húmida Tisma, Masaya, Nicarágua. Tese de bacharelato. Universidade Nacional Agrária. Manágua, Nicarágua

Chavarría, L & Torres, M. 2014. Zanatillo. La prensa. Nicarágua

Colín J., Neil D., A. Hill & H. Mustoe. Técnicas de recenseamento de aves (2nd Ed) [ficheiro PDF]. S.f. Obtido em: https://www.elsevier.com/books/bird-census- techniques/bibby/978-0-12-095831-3

Cortes, V. 2017. Efeitos da densidade populacional de pássaros passeriformes na carga ectoparasitária em um remanescente da floresta de Maulino. Universidade do Chile. Santiago, Chile.

Decreto que estabelece a Política Nacional de Zonas Húmidas (10 de novembro de 2003). Nº 78-2003. Manágua, Manágua, Nicarágua: La Gaceta, Diario Oficial.

Decreto-Lei sobre a criação de reservas naturais no Pacífico da Nicarágua (08 de setembro de 1983). N.º 1320. Manágua, Manágua, Nicarágua: La Gaceta, Diario Oficial.

Estratégia Nacional para a Biodiversidade e respetivo Plano de Ação Resolução Ministerial (18 de julho de 2002). No. 27-2002. Manágua, Manágua, Nicarágua: La Gaceta, Diario Oficial.

F. Gary Stiles e Alexander F. Skutch (1995). Guide to the Birds of Costa Rica.
Heredia: INBio.

Ferrer, Y. 2015. Variáveis que influenciam a distribuição e abundância de aves de rapina diurnas e a localização dos seus locais de nidificação em Cuba. Tese de doutoramento. Centro de investigaciones biologías del noroeste, S,
C. la paz, Baixa Califórnia

Fleishman, E., J.R. Thomson, R. Nally, D.D. Murphy & J.P. Fay. 2004. Using indicator species to predict species richness of multiple taxonomic groups. sf

Gonzales, F. 2015. Métodos de contagem de aves terrestres [ficheiro PDF]. México. Recuperado de:
http://www2.inecc.gob.mx/publicaciones2/libros/717/cap4.pdf

Green, J & Figuerola, J. (n.d.). As aves aquáticas como bioindicadores em zonas húmidas. Consejo Superior de Investigaciones Científicas (Conselho Nacional de Investigação de Espanha).

Harris, G.M. & S.L. Pimm. 2004. Tolerância das espécies de aves ao habitat de floresta secundária e seus efeitos na extinção Conservation Biology.

Hernández, et al. 2015. Área de residência de Aspidoscelis cozumela (squamata: Teiidae), um lagarto partenogenético da Ilha de Cozumel, México. Jornal de Biologia Tropical. México

Lei sobre a conservação e a utilização sustentável da diversidade biológica (n.d.). N.º 807.

Ley General del Medio Ambiente y los Recursos Naturales (17 de janeiro de 2014). No. 217. Manágua, Manágua, Nicarágua: La Gaceta, Diario Oficial.

Lista oficial das aves da Costa Rica. agosto de 2002. Obtido em: https://listaoficialavesdecostarica.files.wordpress.com/2012/06/2002_pri mera-edicion-lista-oficial.pdf

Martella, M., et al. 2012. Introdução às técnicas para o estudo de populações silvestres. Universidade Nacional de Córdoba. Córdoba, Argentina

Martínez, J. 2007. Checklist of the birds of Nicaragua. Alianza para las aves silvestres. 1.ª ed. Manágua, Nicarágua

Morales, M et al. 2009. Áreas importantes para a conservação de aves na América, Nicarágua. Manágua Nicarágua

Morales, S & Torres, M. (13 de maio de 2019). El zanatillo: ave emblemática da nica pode desaparecer. O novo diário PP. 12

Morláns, C. 2004. Introdução à ecologia populacional. Universidade Nacional de Catamarca

Obando, G, et al. novembro de 2014. Lista oficial de aves da Costa Rica. Associação Ornitológica da Costa Rica.

Pacheco, V, et al. 2015. Guia de inventário da vida selvagem. Ministerio del ambiente. Lima, Peru

Piña, E & Trejo, I. 2013. Densidade populacional e caraterização do habitat numa floresta temperada em Oaxaca, México. Universidade Nacional Autónoma do México. México, D.F.

Política nacional das zonas húmidas. (junho de 2003). Obtido em: http://www.bio-nica.info/Biblioteca/Marena2003PoliticaNacionalHumedales.pdf

Quinteros, C. et al. 2002. Relação entre abundância relativa e densidade real em três populações de aves. Universidade Nacional Agrária La Molina. Lima, Peru

Quinteros, D. 2001. Relação entre índices de abundância relativa e densidade real em populações de aves de importância económica na região do Grau. Tese de Mestrado. Universidade Nacional Agrária, La Molina. Peru

Quintero, W. (2017). Habitat de espécies importantes na Nicarágua. Centro de investigação de recursos acuáticos de Nicarágua (CIRA). Manágua, Nicarágua.

Regulamento de Áreas Protegidas da Nicarágua (08 de janeiro de 2007). Decreto No. 01-2007. Manágua, Manágua, Nicarágua: La Gaceta, Diario Oficial.

Rivera, D & Viques, H. 2010. Listas actualizadas de espécies da fauna e da flora. CITES. C.A.

Ruiz, A & Guevara, J. 2018. Zonas húmidas em tempos climáticos. Centro Humboldt. Manágua, Nicarágua

Salas, R & Cordón, E. (2017). Ornitofauna em quatro ecossistemas naturais. Costa norte das Caraíbas da Nicarágua.

Schulze, C, et al. 2004. Grupos de indicadores de biodiversidade de sistemas de utilização de terras tropicais comparando plantas, aves e insectos.

SEIA. 2001. Diretrizes para a elaboração da linha de base no âmbito do sistema nacional de impacto ambiental. Lima, Peru.

Torres, M., et al. 2018. Lista vermelha de vertebrados em risco de extinção na Nicarágua. Manágua, Nicarágua

Vanegas, F., et al. 2008. Manual ilustrado sobre las especies de fauna amenazada y sujeta a comercio en Nicaragua. MARENA. Manágua, Nicarágua

Vílchez, S., Harvey, C., Sánchez, D., Medina, A & Hernández, B. Diversidade de aves numa paisagem fragmentada de uma floresta seca em Rivas Nicarágua. S.f. Revista el encuentro (68). Manágua, Nicarágua

Zolotoff et al, (2006). Áreas importantes para aves na Nicarágua. Fundação Cocibolca. Nicarágua

Zolotoff, J. 2010, 2011. Previsão de colisões de aves com torres eólicas em Rivas, Nicarágua, antes da construção 2010-2011. (Tese de mestrado). Universidade Nacional de Engenharia. Manágua

Zolotoff, J. 2005. Country report on the conservation status of waterbirds and their habitats in Nicaragua. Birdlife. Nicarágua

Zolotoff, J., Cisneros, C., Medina, A & Mendieta, R. 2012. Diagnóstico do estado de composição das populações de aves (residentes e migratórias) e morcegos no complexo eólico Eolo de Nicaragua, ao sul da cidade de Rivas, Nicarágua. Fundação Cocibolca. Manágua, Nicarágua.

ÍNDICE DE CONTEÚDOS

RESUMO.. 1

INTRODUÇÃO 2

PROBLEMA 4

JUSTIFICAÇÃO 5

ANTECEDENTES 6

QUADRO TEÓRICO.................................... 8

QUADRO JURÍDICO 25

ANÁLISE DOS DADOS 34

DISCUSSÃO 42

CONCLUSÕES 45

BIBLIOGRAFIA 46

Printed by Books on Demand GmbH, Norderstedt / Germany